Anika Wojciechowski

Vergleichende Duftstoffanalysen einiger Karnivoren zur olfaktorischen Anlockung von Arthropoden

GRIN Verlag

Bibliografische Information der Deutschen Nationalbibliothek:

Die Deutsche Bibliothek verzeichnet diese Publikation in der Deutschen National-
bibliografie; detaillierte bibliografische Daten sind im Internet über http://dnb.d-
nb.de/ abrufbar.

Impressum:

Copyright © 2011 GRIN Verlag GmbH
Druck und Bindung: Books on Demand GmbH, Norderstedt Germany
ISBN: 978-3-640-91645-0

Dieses Buch bei GRIN:

http://www.grin.com/de/e-book/171863/vergleichende-duftstoffanalysen-einiger-
karnivoren-zur-olfaktorischen-anlockung

Inhaltsverzeichnis

Zusammenfassung

Karnivore Pflanzen locken Beutetiere auf sehr vielen Wegen an. Einer dieser Wege ist die olfaktorische Anlockung mit Hilfe von Volatilen.

In dieser Arbeit wurden drei karnivore Arten (*Nepenthes sanguinea*, *Drosera capensis*, *Pinguicula lilacina*) vergleichend auf ihre Duftstoffe hin untersucht mit dem Ziel, Unterschiede zwischen den einzelnen Gattungen in der Emission von flüchtigen Verbindungen aufzudecken und zu ermitteln, inwieweit diese Stoffe in die Anlockung von Arthropoden involviert sind.

Im Botanischen Garten der Universität Rostock sowie in einem Klimaschrank wurden einzelne kultivierte Pflanzen beprobt und mögliche Volatile in einem Adsorbens gesammelt. Die flüchtigen Komponenten wurden im Labor vom Adsorbens eluiert und mittels Gaschromatographie und Massenspektrometrie analysiert.

Auf Grund einiger Fehler, die im Versuchsaufbau auftraten, konnten keine eindeutigen Ergebnisse ermittelt werden. Sämtliche Verbindungen, die detektiert wurden, waren in allen Proben nahezu identisch und auch in den ermittelten Leerproben enthalten. Lediglich für *Nepenthes sanguinea* wurde ein Duftstoff aufgezeigt, der eventuell an der Anlockung von Beutetieren beteiligt ist. Da allerdings keine Vergleichsproben existieren, ist dieses Resultat nicht aussagekräftig genug.

Um eine abschließende Aufklärung der Fragestellung dieser Arbeit zu erhalten, ist es notwendig, in Folgeversuchen einige Bestandteile des Versuchsaufbaus zu optimieren und alle Pflanzen erneut zu vermessen.

1. Einleitung

1.1. Definition Karnivoren

Als Karnivoren werden Pflanzen bezeichnet, die spezielle Vorrichtungen zur Anlockung, zum Fang und zur Verdauung von Beuteorganismen besitzen. Davon abgegrenzt werden Präkarnivoren, die zwar ebenfalls über bestimmte Anlock- und Fangmechanismen verfügen, jedoch nicht in der Lage sind, die Beute eigenständig zu verdauen, sondern z.T. auf Symbionten angewiesen sind, die die Nahrung zersetzen.

1.2. Fangmechanismen

Da sich fleischfressende Arten polyphyletisch entwickelt haben, sind sowohl die Anlock- als auch die Fangstrategien sehr unterschiedlich. Der Fang der Beutetiere erfolgt aktiv oder passiv über spezifische Fallen, die sich aus den Blattorganen der Pflanzen entwickelt haben. Es existieren fünf grundsätzliche Fallentypen, sie sich in ihrem morphologischen Aufbau und im Fangmechanismus stark voneinander unterscheiden.

Im Folgenden sind die beiden relevanten Fallentypen kurz beschrieben, denen die für die Arbeit zu Versuchszwecken verwendeten Pflanzengattungen angehören.

Gleitfallen stellen rein passive Fallentypen dar. Die Blätter sind zu kannen- oder schlauchartigen Fangorganen umgeformt, deren Inneres mit einem Verdauungssekret gefüllt ist. Insekten, die das hauptsächliche Beutespektrum dieser Pflanzen bilden, rutschen auf der glatten Oberfläche der Falleninnenseite aus und ertrinken in der Flüssigkeit. Vertreter sind z.B. *Nepenthes, Sarracenia, Darlingtonia* und *Cephalotus*.

Die Blätter von Klebfallen sind auf den Oberflächen mit Drüsen ausgestattet, die einen Fangschleim aus sauren Polysacchariden absondern, in dem sich Beutetiere verkleben. Landet ein Insekt auf dem Blatt, ist es entweder sofort bewegungsunfähig oder verliert seine Bewegungsfähigkeit beim Versuch auf dem Sekret zu fliehen. Dabei sammelt es immer mehr Schleim an, was zu seiner Immobilisation bzw. zu einer Verklebung der Atmungsorgane führt (Braem, 1996). Zu diesem Fallentyp gehören z.B. die Gattungen *Drosera, Pinguicula* und *Drosophyllum*.

1.3. Beutespektrum

Bereits Charles Darwin beschäftigte sich im 19. Jahrhundert ausführlich mit der Erforschung karnivorer Pflanzen bzw. „Insectenfressender Pflanzen", wie sie damals bezeichnet wurden, da lange Zeit angenommen wurde, dass nur Insekten oder allenfalls kleine Krustentiere zum Beutespektrum der Pflanzen gehörten (Darwin, 1876). Darwin beschrieb u. a. die Fangmechanismen und den anatomischen Aufbau sowie die Verdauungssekrete einiger Karnivoren und verglich auf Grund der Tatsache, dass Pflanzen in der Lage sind, Tiere zu fangen und zu verdauen, sowie auf Grund seiner Beobachtungen an *Drosera rotundifolia* die Fang- und Verdauungsstrategien mit tierischen Ernährungsweisen. Eingerollte Blätter mit nach innen gebogenen Tentakeln, die ein Verdauungssekret abgeben, stellten für ihn einen temporären „Magen" dar. Auch ging er davon aus, dass die Pflanzen ebenso wie ein Tier sehr viel „trinken" müssen um den hohen Flüssigkeitsbedarf auszugleichen, der durch die Produktion der Fang- und Verdauungsflüssigkeit hervorgerufen wird (Darwin, 1876).

Zum gegenwärtigen Zeitpunkt lassen sich fleischfressende Pflanzen natürlich klar vom Tierreich abgrenzen und es ist auch bekannt, dass neben Insekten und kleinen Krustentieren ein sehr breites Beutespektrum existiert. Dazu zählen bei aquatischen Pflanzen z.B. Fadenwürmer, planktische Algen und tierische Einzeller, bei terrestrischen Pflanzen Spinnentiere oder auch kleine Nagetiere (Barthlott *et al.*, 2004).

1.4. Anlockung der Beute

Fleischfressende Pflanzen haben ebenso wie ihre Fangmechanismen zahlreiche Strategien entwickelt um Beutetiere anzulocken.

Häufig zu beobachten ist eine auffällige Färbung, die die Fangorgane sehr an Blüten erinnern lässt. Ähnlich wie bei der Bestäubung werden Insekten durch kräftige Farben, die sich besonders vom Hintergrund absetzen oder auch durch UV-Muster (Schaefer & Ruxton, 2007) aus kurzer Distanz angelockt. Bei Klebfallen dient auch der Fangschleim, der wie Tautropfen an den Drüsen haftet und dabei Licht reflektiert, als optisches Signal (Lloyd, 1942).

Neben visuellen Effekten werden Insekten häufig durch einen süßen Nektar angelockt, der von extrafloralen Nektarien sezerniert wird (Plachno, 2007).

Eine weitere Strategie zum Fang der Beute ist die Anlockung durch chemische Signale. Duftstoffe bestehen aus einzelnen volatilen Komponenten und spielen eine wichtige Rolle bei Interaktionen zwischen Tieren und Pflanzen (Dunkel *et al.*, 2009). Sie werden direkt an der Falle emittiert und auf Grund des guten Geruchssinns von Insekten aus weiter Entfernung instinktiv wahrgenommen (Barthlott *et al.*, 2004).

Für *Nepenthes rafflesiana* wurden 54 Volatile aufgewiesen, die z.T. typischerweise von Blüten abgesondert werden, was vermuten lässt, dass die Kanne nicht nur optisch sondern auch chemisch eine Art Blütenmimikry darstellt (Di Guisto *et al.*, 2010). Jürgens hat die Duftstoffe verschiedener Karnivoren miteinander verglichen und festgestellt, dass es große Unterschiede sowohl zwischen den Gattungen als auch innerhalb einzelner Gattungen gibt. So wurden in drei *Sarracenia*-Arten flüchtige Substanzen identifiziert, die eine olfaktorische Blüten- oder Fruchtmimikry bilden. In einer weiteren *Sarracenia*-Art, sowie in *Dionaea muscipula* und *Drosera binata* wurden hingegen Volatile nachgewiesen, die sonst typischerweise in grünen Blättern vorkommen (Jürgens *et al.*, 2009).

Das Ziel dieser Arbeit war es, die Fangorgane von Arten dreier verschiedener Gattungen auf ihre volatilen Komponenten zu untersuchen und miteinander zu vergleichen. Weiterhin sollte ermittelt werden, inwieweit diese Stoffe Blütenduftstoffen ähneln und somit in die Anlockung von Beutetieren involviert sind.

1.5. Pflanzenbeschreibungen

Für die Versuche dieser Arbeit wurden drei Arten verwendet (*Drosera capensis*, *Pinguicula lilacina*, *Nepenthes sanguinea*), die im Folgenden näher beschrieben werden.

1.5.1. *Drosera capensis*

Drosera capensis (Droseraceae) ist eine kurzstämmige Pflanze (s. Abb. 1), die, wie der Artname schon vermuten lässt, in Südafrika in der Kapregion endemisch ist. Als aktive Klebfalle fängt sie hauptsächlich kleine Insekten, die sich auf den Blattoberseiten im Fangschleim der gestielten Drüsen (Tentakeln) verkleben (s. Abb. 2). Im Gegensatz zu einigen anderen Klebfallen führt Drosera eine aktive Fangbewegung durch, indem sich die Tentakeln zu dem Insekt hinbiegen und es damit mit möglichst viel Schleim überziehen. Hat sich ein Beutetier zwischen den Tentakeln verfangen, sondern die gestielten Drüsen zusammen mit sitzenden Drüsen Verdauungsenzyme ab, die das Tier fast vollständig zersetzen.

Abb. 1: Habitus von *D. capensis* unter Kultur-
bedingungen

Abb. 2: Beutetiere zwischen den Tentakeln von
D. capensis

1.5.2. *Pinguicula lilacina*

Pinguicula lilacina (Lentibulariaceae) ist ebenso wie *Drosera* eine aktive Klebfalle, die in Mittelamerika beheimatet ist. Die Pflanze bildet flach über dem Boden liegende Blattrosetten (s. Abb. 3), deren dickfleischige Blätter mit zahlreichen gestielten und sitzenden Drüsen ausgestattet sind. Ähnlich wie bei *Drosera* werden Beutetiere durch den Fangschleim der Tentakeln festgehalten und durch Verdauungsenzyme, die von den gestielten und sitzenden Drüsen ausgeschieden werden, zersetzt (s. Abb. 4). Beim Fang eines Insekts werden durch Turgoränderungen im Zellinneren die Blattränder nach oben gebogen und bilden dadurch eine Mulde um das Beuteinsekt, in der sich das Verdauungssekret sammeln kann.

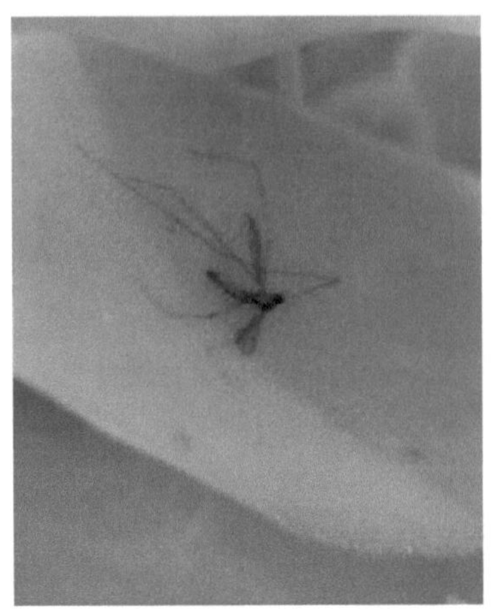

Abb. 3: Habitus von *P. lilacina* in Kultur　　　　**Abb. 4: Insekt auf einem Blatt von *P. lilacina***

1.5.3. *Nepenthes sanguinea*

Nepenthes sanguinea (Nepenthaceae) ist besonders in Malaysia verbreitet und bildet bis zu 35 cm lange grünliche bis tiefrote Kannen (s. Abb. 5), die sich in drei Zonen unterteilen. Der Kannendeckel sowie der Kannenrand (Peristom) dienen der Anlockung von Arthropoden. Sie sind oft in einem kräftigen Rot gefärbt (s. Abb. 6) und mit Nektarien ausgestattet, die einen Nektar produzieren, dessen süßer Duft zum einen Beutetiere anlockt. Zum anderen ist der Nektar auch beim Fang involviert, da er das Peristom zusammen mit Regen- und Kondensationswasser besonders rutschig macht (Bauer *et al.*, 2007). Insekten verlieren darauf den Halt und fallen in die Kanne. Die darunterliegende Gleitzone erschwert durch hervorragende, sich überlappende Zellen sowie eine Wachsbeschichtung an der Kannenwand die Flucht aus der Falle. Die Verdauungszone im Bauch der Kanne ist mit einer Flüssigkeit gefüllt, die Verdauungsenzyme enthält. Insekten ertrinken in dieser Flüssigkeit und werden verdaut. Den Hauptbestandteil der Beute stellen Ameisen dar, allerdings haben sich die Pflanzen auf keine bestimmten Beutetiere spezialisiert (Bohn, 2007).

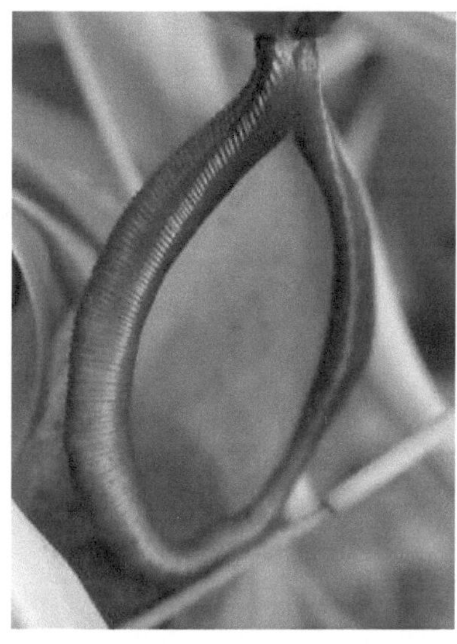

Abb. 5: Kannen von *N. sanguinea* in Kultur

Abb. 6: Peristom einer Kanne von *N. sanguinea*

2. Material und Methoden

2.1. Pflanzenmaterial

Für sämtliche Versuche wurden Pflanzen der Arten *Drosera capensis*, *Pinguicula lilacina* und *Nepenthes sanguinea* verwendet, die im Tropengewächshaus des Botanischen Gartens der Universität Rostock kultiviert wurden. *P. lilacina* und *D. capensis* wurden in einzelne Blumentöpfe separiert, wobei darauf zu achten war, nur nichtblühende Pflanzen zu verwenden, um florale Volatile in den Messungen auszuschließen. Sie wuchsen bei einer durchschnittlichen Temperatur von 19 °C und 48 % mittlerer Luftfeuchte, für *N. sanguinea* herrschten Bedingungen von durchschnittlich 24 °C und 82 % Luftfeuchtigkeit.

2.2. Methoden der Probennahme

Die Probennahmen wurden in einem Zeitraum von drei Wochen (10.11.10 – 02.12.10) in mehreren Durchgängen im Gewächshaus des Botanischen Gartens und teilweise unter Laborbedingungen in einem Klimaschrank-Percival AR-60L. (CLF PlantClimatics; 22 °C ($\pm$ 2 °C), 50 µmol m^{-2} sec $^{-1}$) durchgeführt. Jeder Einzelversuch dauerte 24 Stunden, da möglicherweise tageszeitliche Unterschiede in der Produktion bestimmter Volatile bestehen und sich diese sonst auf die Messungen auswirken könnten.

Änderungen in der Durchführung der Experimente werden im Kapitel 4 (Diskussion) näher erklärt.

2.2.1. Probennahme unter Gewächshausbedingungen

Zunächst wurden je eine Pflanze der Arten *D. capensis* und *P. lilacina* bzw. einzelne Kannen von *N. sanguinea* in eine Folie aus Polyethylen (Renovo) eingeschlossen. Außerdem wurden, um qualitative Fehler zu vermeiden, Blumentöpfe mit Erde als Leerproben vermessen.

In die Folie wurden zwei Teflonschläuche eingeführt, die mit je einer Membranpumpe verbunden waren. Teflon wurde verwendet, da das Material besonders inert und wenig gasdurchlässig ist. Eine Pumpe führte über 24 h Luft mit einer Flussrate von 2100 ml min^{-1}

zu. Ein Aktivkohlefilter, der unmittelbar an die Pumpe angeschlossen war, gewährleiste, dass die Luft von flüchtigen Verbindungen gereinigt wurde. Die zweite Membranpumpe saugte Luft über 24 h mit einer Flussrate von 700 ml min^{-1} ab. Durch den entstehenden Überdruck in der Folie wurde verhindert, dass durch undichte Stellen nicht gereinigte Luft von außen in die Tüte gelangen konnte (Versuchsaufbau s. Abb. 7).

Abb. 7: Versuchsaufbau zur Probennahme im Gewächshaus

Sämtliche Volatile, die vom Blattmaterial der Pflanzen an die Umgebung abgesondert wurden, wurden über eine Säule geleitet, die mit dem Schlauch der luftabführenden Pumpe verbunden war (s. Abb. 8). Die Säule enthielt zwischen zwei gereinigten Watteschichten ein Adsorbens (SuperQ, Alltech) aus Ethylvinylbenzen-divinylbenzen-Polymeren, das flüchtige Substanzen bindet.

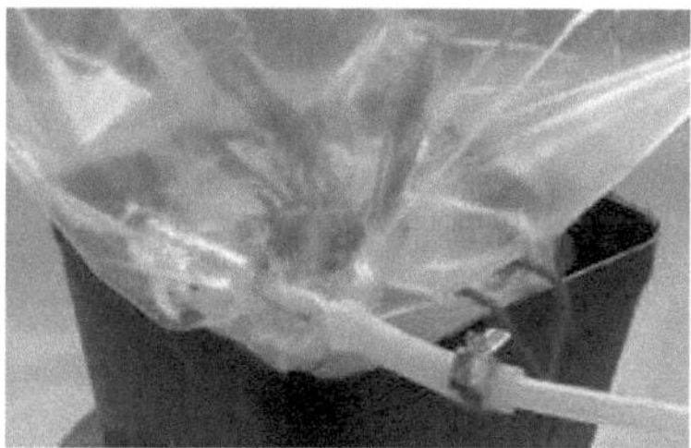

Abb. 8: zur Probennahme verwendete Säule

Die Flussraten der beiden Membranpumpen wurden mit Hilfe des Verfahrens der Wasserverdrängung ermittelt. Ein Messzylinder mit definiertem Volumen wurde mit Wasser gefüllt und umgekehrt in eine Wasserschüssel gestellt. Anschließend wurde Luft über eine Pumpe zugeführt und die Zeit bis zur vollständigen Verdrängung des Inhalts im Zylinder gemessen.

Erste Auswertungen der chemischen Analyse (s. Kapitel 2.3.) ließen Fehler im Versuchsaufbau vermuten, woraufhin einige Änderungen vorgenommen und die Pflanzen und Leerproben erneut vermessen wurden.

Um mögliche Ursachen für Verunreinigungen in der zugeführten Luft aufzudecken, wurde die Säule direkt an den zuführenden Schlauch angeschlossen. Eine Membranpumpe hat Luft über den Aktivkohlefilter und das Adsorbens geleitet. Nach einer Untersuchung dieser Probe wurden der Aktivkohlefilter ausgetauscht sowie der Silikonübergang zwischen Filter und Teflonschlauch entfernt.

2.2.2. Probennahme unter Laborbedingungen

Im weiteren Verlauf wurden die Versuche im Klimaschrank fortgesetzt, um die zahlreichen Duftstoffe, die von anderen Pflanzen im Gewächshaus emittiert werden, einzugrenzen. Des Weiteren wurden die Flussraten der beiden Membranpumpen wie schon unter 2.2.1. beschrieben neu ermittelt.
Für die Probennahme wurden zwei Pflanzen der Art *Drosera capensis* ins Labor überführt und zweimal über je 24 h im Klimaschrank vermessen. In der ersten Messung wurden drei Glaskugeln anstelle der Polyethylenfolien verwendet, in der einzelne Blätter der Pflanzen eingeschlossen wurden (s. Abb. 9). Die zweite Messung wurde mit Polyethylenfolien durchgeführt. In die Probengefäße wurde über einen Aktivkohlefilter gereinigte Luft mit einer Flussrate von 2100 ml min^{-1} zugeführt. Die zweite Membranpumpe saugte Luft mit einer Flussrate von 700 ml min^{-1} ab, die über eine Säule (SuperQ, Alltech) geleitet wurde. Indem die Öffnungen um die Blätter herum mit in Dichlormethan gereinigter Watte abgedichtet wurden, konnte überschüssige Luft durch die Watteschicht entweichen (s. Abb. 10).

Zur Kontrolle wurde der Duftstoffgehalt der drei leeren Glasgefäße ermittelt (Leerprobe). Die Kugeln wurden nach unten hin mit Watte verschlossen und Luft mit Hilfe der Membranpumpen durchgeleitet.

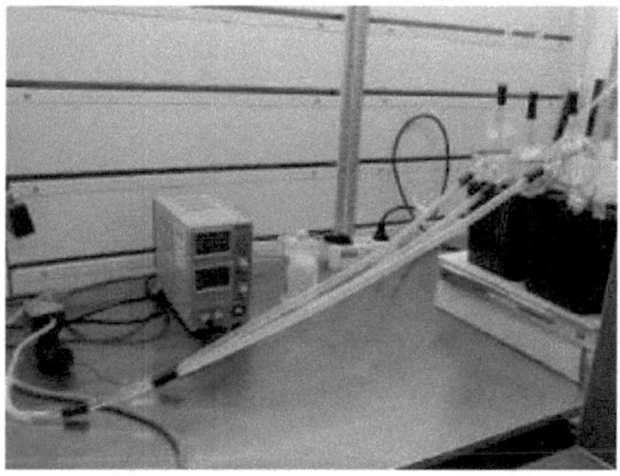

Abb. 9: Versuchsaufbau im Labor

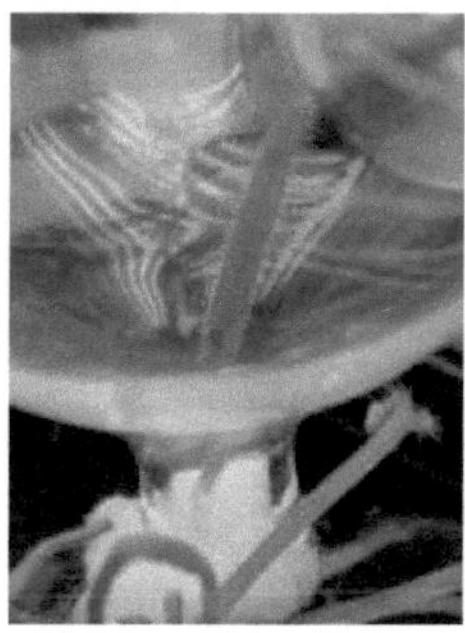

Abb. 10: Blatt von _D. capensis_ in Glaskugel

2.3. Chemische Analyse

Unmittelbar nach der Probennahme wurde das Adsorbens mit 10 µl Nonylacetat, das als interner Standard zur Quantifizierung der Probe diente, versetzt und anschließend mit 300 µl Dichlormethan eluiert. Das gewonnene Eluat wurde in ein Probengläschen (Supelco) mit Glasinsert überführt und gaschromatographisch analysiert.

Der verwendete Gaschromatograph (GCMS-QP5000, Shimadzu) (s. Abb. 11) war mit einer mit unpolarem Polyphenylmethylsiloxan beschichteten Kapillarsäule (DB-5, 60 m x 0,25 mm x 0,25 µm; J&W Scientific) ausgestattet, wobei Helium als Trägergas diente. Die Flussrate betrug 1,1 ml min^{-1}. 1 µl der Probenlösung wurde splitless bei 200 °C injiziert. Die Säulentemperatur betrug zunächst 35 °C, nach zwei Minuten wurde die Temperatur mit einer Rate von 10 °C min^{-1} auf bis zu 280 °C erhöht, um abschließend für 15 min bei 280 °C konstant gehalten zu werden. Unterschiedliche Verdampfungstemperaturen der einzelnen Volatile und Wechselwirkungen mit der Beschichtung der Säule ermöglichen die Auftrennung des Stoffgemisches. Je geringer der Dampfdruck einer Substanz ist, umso länger verbleiben die Moleküle in der Säule.

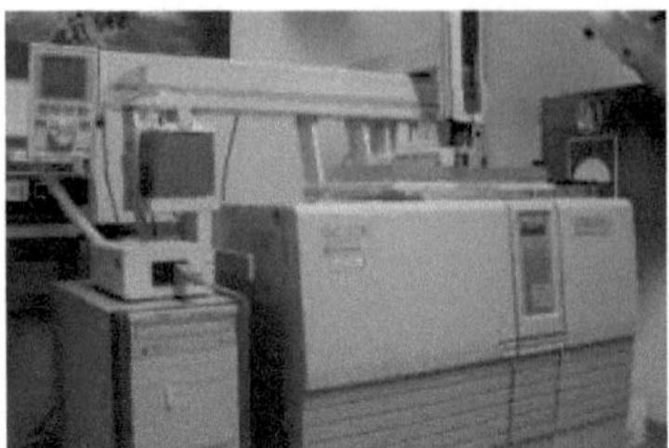

Abb. 11: Gaschromatograph (GCMS-QP5000, Shimadzu)

Durch eine anschließende massenspektrometrische Analyse, bei der die Moleküle in einzelne Fragmente zerlegt und nach ihrem Masse-Ladungs-Verhältnis aufgetrennt werden, wurden Massenspektren erzeugt. Durch einen Abgleich mit in einer Datenbank abgelegten Spektren (NIST107) konnten den jeweiligen Peaks der Chromatogramme Volatile zugeordnet werden. Diese Identifizierung wurde durch einen Vergleich von Retentionszeiten (Kovatsindex) und von Massenspektren entsprechender Standardsubstanzen ergänzt.

3. Ergebnisse

Im Gewächshaus und im Labor wurden insgesamt 13 Proben gemessen, die später mittels Gaschromatographie analysiert wurden. Unter Gewächshausbedingungen wurden je drei Pflanzen von *Drosera capensis* und *Pinguicula lilacina* vermessen, eine Kanne von *Nepenthes sanguinea* sowie drei Leerproben (zwei als Kontrollproben für *D. capensis, P. lilacina* und *N. sanguinea*; eine Probe von der luftzuführenden Pumpe zur Fehlerfindung). Unter Laborbedingungen wurden zwei Proben von *D. capensis* und eine Leerprobe ermittelt. Im Folgenden ist je ein Chromatogramm der einzelnen Spezies sowie der Leerproben dargestellt. Gekennzeichnet sind die Peaks mit der größten Intensität (TIC) sowie der interne Standard Nonylacetat (blau markiert). Die in den Tabellen angegebenen Volatile wurden auf Grund eines Vergleichs mit den in der Datenbank abgelegten Spektren mit Wahrscheinlichkeiten von mindestens 80 % bestimmt. Alle übrigen Chromatogramme, die während der Versuche ermittelt wurden, sind im Anhang (Original- und Zusatzdatensätze) aufgeführt.

3.1. Ergebnisse der Proben unter Gewächshausbedingungen

3.1.1. Ergebnisse der Leerprobe (Kontrollprobe)

Die erste Leerprobe vom 23.11.10 (s. Abb. 12) enthielt neben dem Standard 32 volatile Komponenten, bei denen es sich überwiegend um Alkane bzw. methylierte Alkane, Alkene und Alkanole handelt (s. Tab. 1). Zwei der Verbindungen konnten nicht eindeutig identifiziert werden. Für die erste unbekannte Substanz (Peak 4) wurden von der Datenbank mit Wahrscheinlichkeiten von 78 % drei verschiedene Stoffe vorgeschlagen, deren Molekülgrößen zu groß waren, um bei einer Retentionszeit von 15,3 min in Frage zu kommen. Auch die zweite Verbindung (Peak 33) erhielt Vorschläge mit zu geringen Wahrscheinlichkeiten und konnte somit nicht eindeutig bestimmt werden.

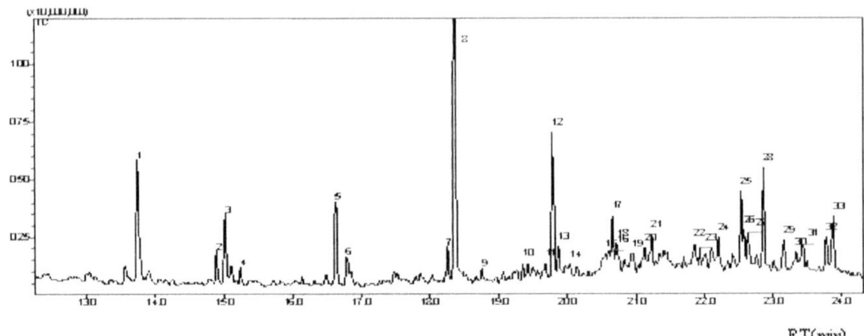

Abb. 12: Chromatogramm der Leerprobe (23.11.10)

Tab. 1: ermittelte Volatile der Leerprobe (23.11.10)

Peak	Retentionszeit (min)	Kovatsindex	Bezeichnung
1	13.738	1027	D-Limonen
2	14.885	1082	n-Decan
3	15.016	1089	2-Nonen-1-ol
4	15.236	1099	nicht identifizierbar
5	16.635	1179	n-Undecan
6	16.794	1188	n-Decanal
7	18.267	1274	n-Tridecan
8	18.372	1280	n-Nonylacetat
9	18.776	1303	2,2,4,4,6,8,8-Heptamethylnonan
10	19.362	1342	3-Methylhexadecan
11	19.689	1364	1-Hexadecen
12	19.796	1370	2,6-dimethyl-Heptadecan
13	19.877	1376	6-propyl-Tridecan
14	20.036	1387	2-ethyl-1-Dodecanol
15	20.558	1422	4,6,8-trimethyl-1-Nonen
16	20.602	1425	6,9-dimethyl-Tetradecan
17	20.658	1429	2-ethyl-1-Dodecanol
18	20.721	1434	2-hexyl-1-Octanol
19	20.946	1450	Tetradecylchlorid
20	21.129	1464	2-ethyl-1-Decanol

Fortsetzung Tab. 1: ermittelte Volatile der Leerprobe (23.11.10)

21	21.227	1471	2,6-dimethyl-Heptadecan
22	21.852	1516	2,3,5,8-tetramethyl-Decan
23	21.928	1521	2-hexyl-1-Octanol
24	22.200	1542	3-methyl-Pentadecan
25	22.532	1566	2,2,4-trimethyl-3-carboxyisopropyl-Pentansäure-Isobutylester
26	22.579	1569	2,6,10,14-tetramethyl-Heptadecan
27	22.639	1574	n-Nonadecan
28	22.872	1590	Dodecansäure-1-methylethyl-ester
29	23.172	1613	2,6,10-trimethyl-Pentadecan
30	23.352	1628	3-methyl-Hexadecan
31	23.445	1635	Decylcyclopentan
32	23.793	1663	2,6-Diisopropylnaphthalen
33	23.897	1671	nicht identifizierbar

3.1.2. Ergebnisse der Leerprobe der luftzuführenden Membranpumpe

In der zweiten Leerprobe, die zur Fehlerfindung mit dem Teflonschlauch der luftzuführenden Membranpumpe verbunden war, wurden 31 weitere Volatile aufgezeigt (s. Abb. 13), die zum großen Teil mit denen der ersten Leerprobe identisch sind (s. Tab. 2). Wenige Abweichungen beruhen darauf, dass verschiedene Peaks auf Grund ihrer geringen Quantität in der ersten oder zweiten Leerprobe nicht markiert und bestimmt wurden.

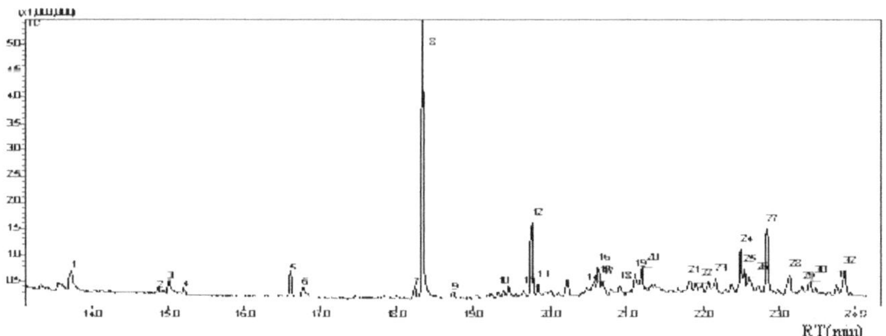

Abb. 13: Chromatogramm der Leerprobe (an luftzuführender Pumpe; 26.11.10)

Tab. 2: ermittelte Volatile der Leerprobe an der luftzuführenden Pumpe (26.11.10)

Peak	Retentionszeit (min)	Kovatsindex	Bezeichnung
1	13.715	1026	D-Limonen
2	14.862	1081	n-Decan
3	15.004	1088	2-Nonen-1-ol
4	15.207	1097	nicht identifizierbar
5	16.607	1177	n-Undecan
6	16.778	1187	n-Decanal
7	18.240	1273	n-Tridecan
8	18.342	1278	n-Nonylacetat
9	18.743	1301	2,2,4,4,6,8,8-Heptamethylnonan
10	19.334	1341	3-methyl-Hexadecan
11	19.660	1362	1-Hexadecen
12	19.764	1368	2,6-dimethyl-Heptadecan
13	19.844	1373	6-propyl-Tridecan
14	20.481	1416	4,6,8-trimethyl-1-Nonen
15	20.567	1422	6,9-dimethyl-Tetradecan
16	20.627	1430	2-ethyl-1-Dodecanol
17	20.687	1431	2-hexyl-1-Octanol
18	20.911	1448	Tetradecylchlorid
19	21.110	1462	2-ethyl-1-Decanol
20	21.199	1469	2,6-dimethyl-Heptadecan
21	21.819	1513	2,3,5,8-tetramethyl-Decan
22	21.898	1519	2-hexyl-1-Octanol
23	22.167	1539	3-methyl-Pentadecan
24	22.499	1564	2,2,4-trimethyl-3-carboxyisopropyl-Pentansäure-isobutylester
25	22.548	1567	2,6,10,14-tetramethyl-Heptadecan
26	22.606	1571	n-Nonadecan
27	22.840	1588	Dodecansäure-1-methylethyl-ester
28	23.140	1611	2,6,10-trimethyl-Pentadecan
29	23.311	1625	3-methyl-Hexadecan
30	23.410	1632	Decylcyclopentan
31	23.762	1660	2,6-Diisopropylnaphthalen
32	23.861	1668	nicht identifizierbar

3.1.3. Ergebnisse für *Pinguicula lilacina*

Für *Pinguicula lilacina* konnten neben dem Standard 23 flüchtige Substanzen ermittelt werden (s. Abb. 12 und Tab. 3). Einige Stoffe, die bereits in den beiden vorangegangenen Leerproben enthalten waren, wurden nicht mit erfasst, da der prozentuale Höhenanteil der Peaks quantitativ zu gering war.

Eine der markierten Verbindungen (Peak 11) konnte nicht eindeutig identifiziert werden, da hier von der Datenbank mehrere Stoffe mit den selben Wahrscheinlichkeiten vorgeschlagen wurden und auch an Hand der Molekülgröße keine Bestimmung erfolgen konnte. Vergleicht man den Peak mit dem der beiden vorangegangenen Leerproben (bei etwa ähnlicher Retentionszeit), könnte es sich um 2,6-dimethyl-Heptadecan handeln. Da trotz der qualitativen Ähnlichkeiten unterschiedliche Probensubstanzen vorliegen und auch der Gaschromatograph mit geringen Abweichungen misst, könnte derselbe Stoff von der Datenbank unterschiedliche Vorschläge erhalten haben.

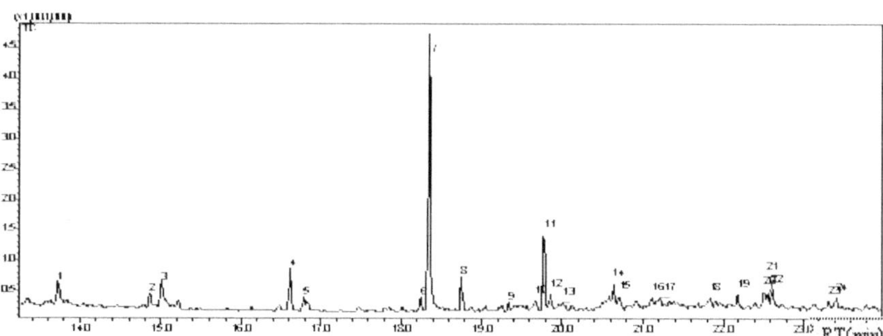

Abb. 14: Chromatogramm von *Pinguicula lilacina* (11.11.10)

Tab. 3: ermittelte Volatile in *Pinguicula lilacina* (11.11.10)

Peak	Retentionszeit (min)	Kovatsindex	Bezeichnung
1	13.726	1025	D-Limonen
2	14.869	1079	n-Decan
3	15.009	1085	Non-2-en-1-ol
4	16.618	1175	n-Undecan
5	16.786	1185	n-Decanal
6	18.251	1270	n-Tridecan
7	18.355	1276	n-Nonylacetat
8	18.757	1299	2,2,4,4,6,8,8-Heptamethylnonan
9	19.345	1334	1-(1,6-dioxooctadecyl)-Pyrrolidin
10	19.674	1359	1-Hexadecen
11	19.778	1366	nicht identifizierbar
12	19.859	1371	6-propyl-Tridecan
13	20.012	1380	4-Tetradecen
14	20.639	1424	n-Nonadecanol
15	20.708	1429	2-hexyl-1-Octanol
16	21.116	1459	2-ethyl-1-Decanol
17	21.210	1466	2,6-dimethyl-Heptadecan
18	21.834	1511	2,3,5,8-tetramethyl-Decan
19	22.183	1536	3-methyl-Hexadecan
20	22.514	1560	2,2,4-trimethyl-3-carboxyisopropyl-Pentansäure-isobutylester
21	22.561	1564	2,6,10,14-tetramethyl-Heptadecan
22	22.619	1568	n-Nonadecan
23	23.331	1621	6-Methyltridecan
24	23.426	1629	Decylcyclopentan

3.1.4. Ergebnisse für *Drosera capensis*

Für *Drosera capensis* konnten neben Nonylacetat 33 weitere Substanzen detektiert werden (s. Abb. 15), die auch in dieser Probe wieder zum großen Teil mit denen der Leerproben übereinstimmen (s. Tab. 4). Wenige Substanzen weichen voneinander ab, allerdings besteht die Vermutung, dass es sich dennoch um dieselbe Verbindung handelt, da sie sehr ähnliche Retentionszeiten und Quantitäten aufweisen. Es ist möglich, dass geringe Abweichungen in den Vorschlägen der Datenbank existieren und die Stoffe nicht genau bestimmt werden konnten.

Peak 1 und Peak 2 (rot gekennzeichnet) im Chromatogramm von *D. capensis* sind allerdings weder in denen der beiden Leerproben noch im Chromatogramm von *P. lilacina* enthalten. Es handelt sich dabei um ein methyliertes Alkenon (2-methyl-1-Hepten-6-on) und ein methyliertes Alkanal (2,4,4-trimethyl-2-Pentenal).

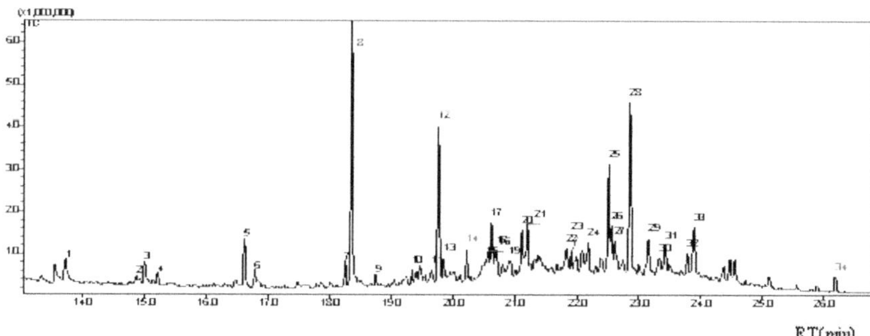

Abb. 15: Chromatogramm von *Drosera capensis* (12.11.10)

Tab. 4: ermittelte Volatile in *Drosera capensis* (12.11.10)

Peak	Retentionszeit (min)	Kovatsindex	Bezeichnung
1	12.759	977	2-methyl-1-Hepten-6-on
2	12.846	982	2,4,4-trimethyl-2-Pentenal
3	13.755	1028	D-Limonen
4	14.898	1083	n-Decan
5	15.028	1089	Non-2-en-1-ol
6	15.248	1099	nicht identifizierbar
7	16.648	1180	n-Undecan
8	16.806	1188	n-Decanal
9	18.281	1275	n-Tridecan
10	18.384	1281	n-Nonylacetat

Fortsetzung Tab. 4: ermittelte Volatile in *Drosera capensis* (12.11.10)

11	18.789	1304	2,2,4,4,6,8,8-Heptamethylnonan
12	19.375	1343	1-(1,6-dioxooctadecyl)-Pyrrolidin
13	19.701	1364	1-Hexadecen
14	19.809	1371	nicht identifizierbar
15	19.890	1376	6-propyl-Tridecane
16	20.577	1423	6,10-dimethyl-Undeca-5,9-dien-2-on
17	20.609	1426	2-methyl-Pentadecan
18	20.669	1430	1-Nonadecanol
19	20.737	1435	2-hexyl-1-Octanol
20	20.944	1450	Tetradecylchlorid
21	21.143	1465	2-ethyl-1-Decanol
22	21.241	1472	2,6-dimethyl-Heptadecan
23	21.867	1519	2,3,5,8-tetramethyl-Decan
24	21.941	1522	2-propyl-Heptanol
25	22.214	1543	3-methyl-Hexadecan
26	22.546	1567	2,2,4-trimethyl-3-carboxyisopropyl-Pentansäure-isobutylester
27	22.592	1570	2,6,10,14-tetramethyl-Heptadecan
28	22.651	1575	n-Nonadecan
29	22.887	1591	Dodecansäure-1-methylethyl-ester
30	23.183	1614	2,6,10-trimethyl-Pentadecan
31	23.363	1629	3-methyl-Hexadecan
32	23.457	1636	Decylcyclopentan
33	23.820	1665	nicht identifizierbar
34	23.908	1672	2,6-dimethyl-Octadecan

3.1.5. Ergebnisse für *Nepenthes sanguinea*

Auch das Chromatogramm von *Nepenthes sanguinea* (s. Abb. 16) zeigt ein ähnliches Muster wie die vorangegangenen Abbildungen. Es konnten 33 weitere Substanzen aufgezeigt werden (s. Tab. 5), die bis auf wenige Abweichungen mit denen der Leerproben identisch sind.

Die zwei zusätzlichen Duftstoffe, die für *D. capensis* ermittelt wurden, sind hier nicht enthalten, allerdings stellen Peak 14 und Peak 34 (rot markiert) zwei Verbindungen dar, die sich von den Chromatogrammen der Leerproben abheben. Die beiden Stoffe sind 3,4-diethenyl-1,6-dimethyl-Cyclohexen, ein methyliertes Cycloalken, und 10-methyl-Eicosan, ein methyliertes Alkan.

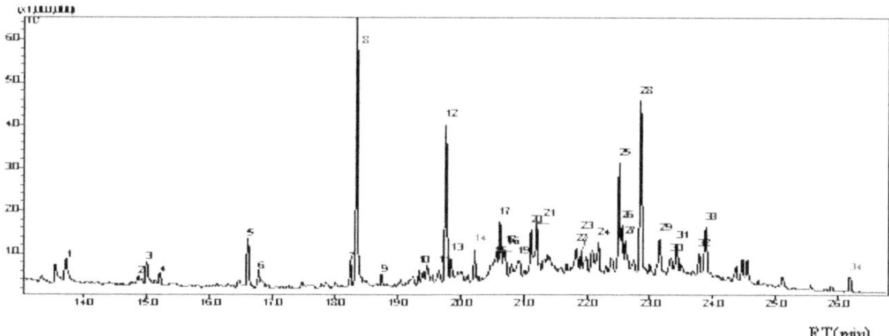

Abb. 16: Chromatogramm von *Nepenthes sanguinea* (24.11.10)

Tab. 5: ermittelte Volatile in *Nepenthes sanguinea* (24.11.10)

Peak	Retentionszeit (min)	Kovatsindex	Bezeichnung
1	13.723	1027	D-Limonen
2	14.868	1082	n-Decan
3	15.006	1088	2-Nonen-1-ol
4	15.218	1098	nicht identifizierbar
5	16.615	1178	n-Undecan
6	16.779	1187	n-Decanal
7	18.248	1273	n-Tridecan
8	18.352	1279	n-Nonylacetat
9	18.755	1302	2,2,4,4,6,8,8-Heptamethylnonan
10	19.342	1341	3-methyl-Hexadecan
11	19.667	1362	1-Hexadecen
12	19.774	1369	2,6-dimethyl-Heptadecan
13	19.854	1374	6-propyl-Tridecan
14	20.229	1398	3,4-diethenyl-1,6-dimethyl-Cyclohexen

Fortsetzung Tab. 5: ermittelte Volatile in *Nepenthes sanguinea* (24.11.10)

15	20.541	1419	1-(1-hydroxy-1-heptyl)-2-methylene-3-pentyl-Cyclopropan
16	20.577	1423	nicht identifizierbar
17	20.636	1428	2-ethyl-1-Dodecanol
18	20.697	1432	2-hexyl-1-Octanol
19	20.919	1448	Tetradecylchlorid
20	21.118	1463	nicht identifizierbar
21	21.208	1469	2,3,5,8-tetramethyl-Decan
22	21.830	1514	2,6,10-trimethyl-Pentadecan
23	21.906	1520	4-ethyl-Undecan
24	22.178	1540	3-methyl-Hexadecan
25	22.510	1564	2,2,4-trimethyl-3-carboxyisopropyl-Pentansäure-isobutylester
26	22.558	1568	2,6,10,14-tetramethyl-Heptadecan
27	22.618	1572	n-Nonadecan
28	22.851	1589	Dodecansäure-1-methylethyl-ester
29	23.150	1612	2,6,10-trimethyl-Pentadecan
30	23.329	1626	3-methyl-Hexadecan
31	23.424	1634	Decylcyclopentan
32	23.772	1661	2,6-Diisopropylnaphthalen
33	23.874	1669	nicht identifizierbar
34	26.178	1846	10-methyl-Eicosan

3.2. Ergebnisse der Proben unter Laborbedingungen

Unter Laborbedingungen liegen nicht so viele Proben vor wie unter Gewächshausbedingungen, allerdings fallen auch hier wieder sehr starke Ähnlichkeiten zwischen beiden Chromatogrammen auf, auch wenn sehr viel weniger Duftstoffe detektiert wurden als in den ersten Messungen.

Im Folgenden sind je ein Chromatogramm und die zugehörige Tabelle mit den einzelnen Komponenten der Leerprobe und von *Drosera capensis* aufgeführt.

3.2.1. Ergebnisse der Leerprobe

In der Leerprobe wurden neben dem internen Standard 13 Volatile ermittelt (s. Abb. 17), die in Tabelle 6 protokolliert sind. Drei der Verbindungen konnten auf Grund von Unstimmigkeiten in den Vorschlägen der Datenbank nicht eindeutig identifiziert werden. Vier weitere sind mit denen der Leerprobe unter Gewächshausbedingungen identisch (n-Decan, Non-2-en-1-ol, n-Decanal, n-Tridecan, 2,6-dimethyl-Heptadecan).
Die erste gekennzeichnete Substanz (rot markiert) wurde als 2-methyl-1-Hepten-6-on identifiziert, das bereits bei ähnlicher Retentionszeit in der Gewächshausprobe von *D. capensis* enthalten war.

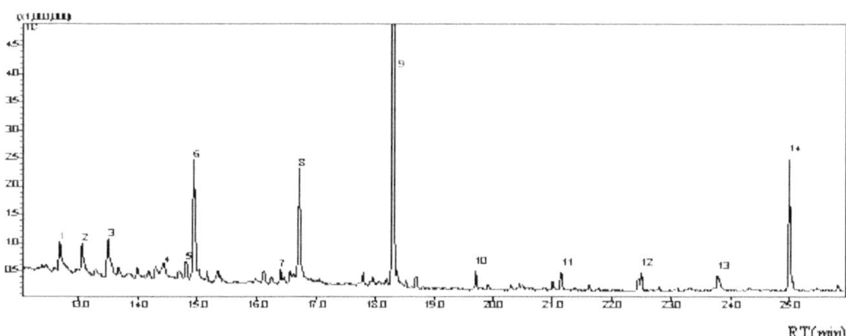

Abb. 17: Chromatogramm der Leerprobe (30.11.10)

Tab. 6: ermittelte Volatile der Leerprobe (30.11.10)

Peak	Retentionszeit (min)	Kovatsindex	Bezeichnung
1	12.675	973	2-methyl-1-Hepten-6-on
2	13.051	992	n-Octanal
3	13.489	1015	2-ethyl-1-Hexanol
4	14.431	1061	nicht identifizierbar
5	14.812	1079	n-Decan
6	14.942	1085	Non-2-en-1-ol
7	16.403	1166	nicht identifizierbar

Fortsetzung Tab. 6: ermittelte Volatile der Leerprobe (30.11.10)

8	16.716	1183	n-Decanal
9	18.297	1276	n-Nonylacetat
10	19.721	1366	n-Tridecan
11	21.151	1465	2,6-dimethyl-Heptadecan
12	22.502	1564	1-Iodo-2-methyl-Undecan
13	23.779	1662	nicht identifizierbar
14	24.997	1757	Benzylbenzoat

3.2.2. Ergebnisse für *Drosera capensis*

Für *Drosera capensis* wurden 12 weitere Verbindungen aufgefunden (s. Abb. 18), die bis auf wenige Abweichungen denen der vorangegangenen Leerprobe entsprechen (s. Tab. 7). Eine Substanz (Peak 4), die in der Leerprobe bei ähnlicher Retentionszeit nicht eindeutig bestimmt werden konnte, wurde von der Datenbank mit einer Wahrscheinlichkeit von 80 % als ein Pyrrolidin vorgeschlagen.

Auch das methylierte Heptenon, das bereits in der Leerprobe und in der Gewächshausprobe von *D. capensis* enthalten war, wurde in dieser Probe ermittelt (rot gekennzeichnet).

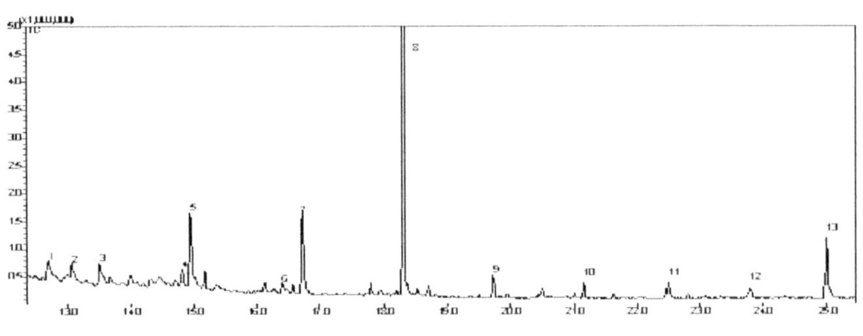

Abb. 18: Chromatogramm von *Drosera capensis* (01.12.10)

Tab. 7: ermittelte Volatile in *Drosera capensis* (01.12.10)

Peak	Retentionszeit (min)	Kovatsindex	Bezeichnung
1	12.688	974	2-methyl-1-Hepten-6-on
2	13.064	993	n-Octanal
3	13.501	1015	2-ethyl-1-Hexanol
4	14.817	1079	1-(1,6-dioxooctadecyl)-Pyrrolidin
5	14.951	1086	Non-2-en-1-ol
6	16.415	1167	nicht identifizierbar
7	16.723	1184	n-Decanal
8	18.301	1276	n-Nonanylacetat
9	19.725	1366	n-Tridecan
10	21.158	1466	nicht identifizierbar
11	22.509	1564	1-Iodo-2-methyl-Undecan
12	23.779	1662	2,6-dimethyl-Heptadecan
13	25.002	1757	Benzylbenzoat

4. Diskussion

Im Folgenden sind die Interpretationen der Ergebnisse und die Fehlerdiskussion der Versuche beschrieben. Weiterhin lässt sich mit den Erwartungswerten aus bereits vorliegenden Forschungsergebnissen ein Vergleich mit den erhaltenen Resultaten anstellen.

4.1. Mögliche Fehlerursachen

Aus den Ergebnissen in Kapitel 3 geht hervor, dass sich die Chromatogramme der Proben unter Gewächshausbedingungen und die der Proben unter Laborbedingungen qualitativ stark ähneln und auch die Leerproben zu viele volatile Komponenten enthalten, die hätten herausgefiltert werden sollen. Die ermittelten Duftstoffe in den Tabellen 1-7 sind zum großen Teil identisch und stellen überwiegend Verbindungen aus den Gruppen der Alkane, Alkene und Alkanole dar. Viele der aufgefundenen Stoffe werden typischerweise in den grünen Blättern von Pflanzen emittiert und sind vermutlich mit der Umgebungsluft in die Analysengefäße gelangt.

Dies wird noch besser verdeutlicht, wenn man einzelne Chromatogramme miteinander vergleicht.

In Abbildung 19 ist ein Ausschnitt dreier sich überlappender Chromatogramme, die von Proben unter Gewächshausbedingungen ermittelt wurden, dargestellt. Es ist gut erkennbar, dass sich alle Kurven in der Quantität gering voneinander unterscheiden, qualitativ jedoch kaum voneinander abweichen.

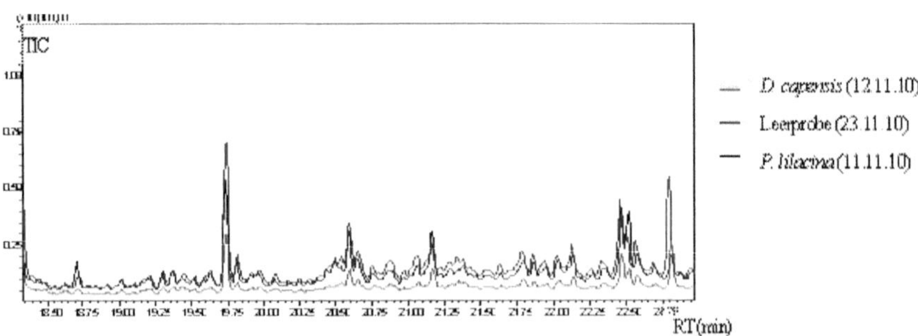

Abb. 19: Vergleich dreier Chromatogramme unter Gewächshausbedingungen

Fehler hierfür wurden im Versuchsaufbau vermutet und als erste Maßnahme wurde eine Leerprobe direkt an der luftzuführenden Pumpe vermessen und ein Chromatogramm erstellt.

Im Vergleich mit dem Chromatogramm der ersten Leerprobe sind auch hier nur wenig Unterschiede in der Qualität ersichtlich (s. Abb. 20). Eine Ursache könnte ein überalterter Aktivkohlefilter sein, der die Luft aus der Umgebung nicht mehr ausreichend reinigte und ungefiltert in das Analysengefäß leitete. Dadurch könnten sämtliche volatilen Komponenten, die in der Luft des Gewächshauses vorlagen, mit vermessen worden sein.

Zusätzlich wurde ein Silikonübergang zwischen dem Filter und dem Teflonschlauch entfernt, da das Material wenig inert ist und unreine Luft von außen in das System lassen könnte.

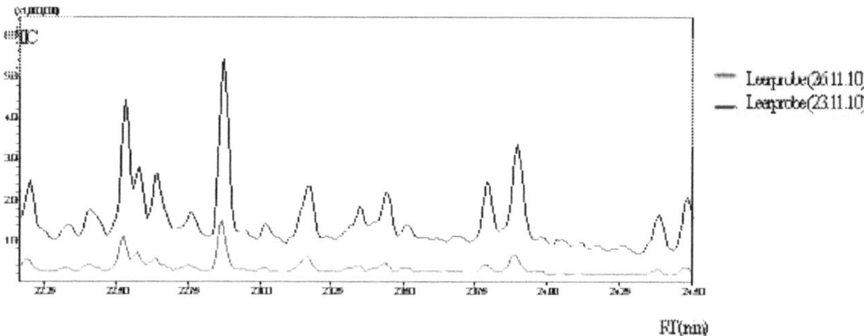

Abb. 20: vergleichende Chromatogramme der Leerproben

Weiterhin wurde festgestellt, dass die Flussraten der beiden Membranpumpen fehlerhaft eingestellt waren und ein Unterdruck in den Probengefäßen erzeugt wurde. Es wurde wesentlich mehr Luft aus der Folie rausgepumpt als hinein gelangte. Da der Versuchsaufbau ein offenes System bildete, wurde dadurch auch Luft aus der Umgebung mit eingesogen, die gefilterte Luft verunreinigte.

Auch die unterschiedlichen Quantitäten lassen sich mit Hilfe der fehlerhaften Flussraten erklären. Für alle Pflanzen bzw. Leerproben herrschten gleiche Bedingungen. Dennoch sind dieselben Peaks der verschiedenen Pflanzen unterschiedlich stark ausgeprägt. Jede Pflanze bzw. Leerprobe wurde in Analysengefäßen unterschiedlicher Volumina vermessen. Je größer das Volumen ist, desto weniger Umgebungsluft kann sich mit der über den Kohlefilter gereinigten Luft vermischen und umso weniger flüchtige Substanzen der Umgebungsluft werden über die Säule geleitet. D. h. dass z. B. *Drosera capensis* wahrscheinlich in einer Folie größeren Volumens beprobt wurde als *Pinguicula lilacina* (s. Abb. 19).

Unter Laborbedingungen wurde mit korrekten Flussraten gearbeitet und die Quantität somit nicht mehr beeinflusst. Dies kann man gut erkennen, wenn man das im Labor ermittelte Chromatogramm der Leerprobe dem der Probe von *Drosera capensis* gegenüberstellt (s. Abb. 21). Beide Chromatogramme weichen sowohl in der Qualität als auch in der Quantität kaum voneinander ab, da hier keine Umgebungsluft von außen in das Probensystem eindringen konnte.

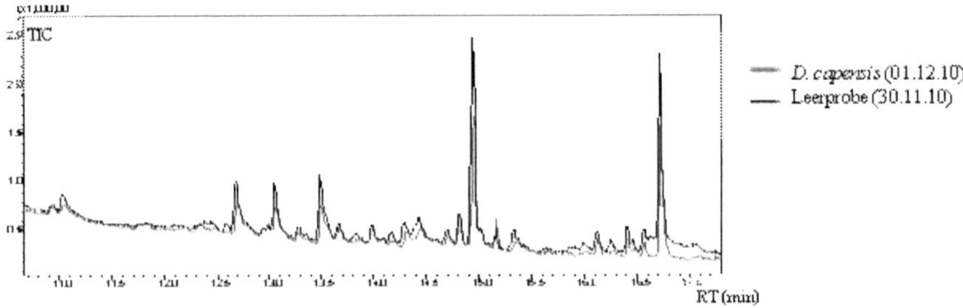

Abb. 21: Vergleich zweier Chromatogramme unter Laborbedingungen

Um außerdem günstigere Bedingungen zu erzielen, wurden die Versuche in einem Klimaschrank fortgesetzt. Im Gewächshaus sind neben den Versuchspflanzen noch zahlreiche weitere Pflanzen vorhanden, die sehr viele Duftstoffe emittieren, sodass eine vollständige Reinigung der Luft durch den Aktivkohlefilter erschwert wird. In Abbildung 22 wurden die Leerproben unter Gewächshausbedingungen und unter Laborbedingungen miteinander verglichen und es ist deutlich erkennbar, dass in der Laborprobe qualitativ und quantitativ wesentlich weniger flüchtige Verbindungen enthalten sind.

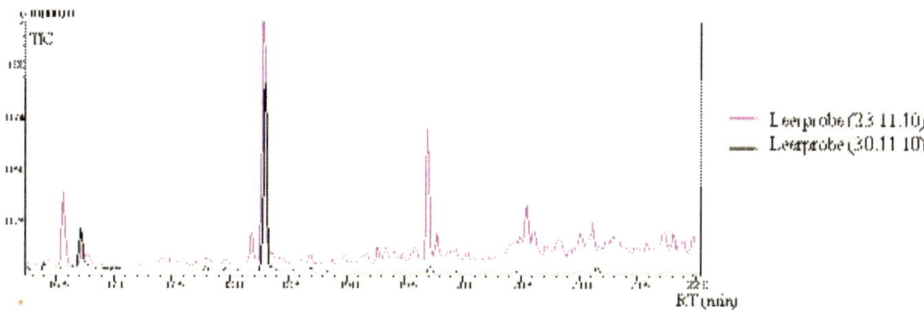

Abb. 22: vergleichende Chromatogramme der Leerproben

In einem weiteren Laborversuch wurde die Eignung der Analysengefäße überprüft. Dazu wurden zum Vergleich jeweils zwei *Drosera*-Pflanzen einmal in Polyethylenfolien und einmal in Glaskugeln vermessen. Abbildung 23 zeigt, dass in der Probe, die mit Glaskugeln ermittelt wurde, deutlich weniger Volatile enthalten sind. Möglicherweise wurde durch den Einschnitt um die Säule herum trotz des Überdrucks in der Folie Luft von außen eingesogen (s. Abb. 24). In den Glasgefäßen waren alle Öffnungen abgedichtet und die Luftströme konnten besser kontrolliert werden. Dennoch waren auch in dieser Probe zu viele Volatile enthalten, die von der Umgebungsluft herausgefiltert werden sollten und möglicherweise das Ergebnis verfälschten.

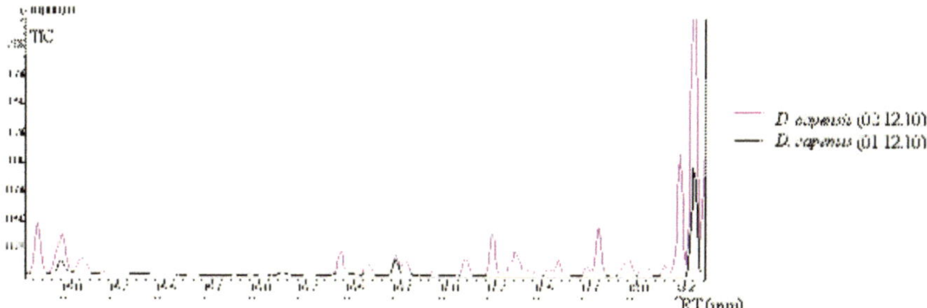

Abb. 23: vergleichende Chromatogramme unter Laborbedingungen

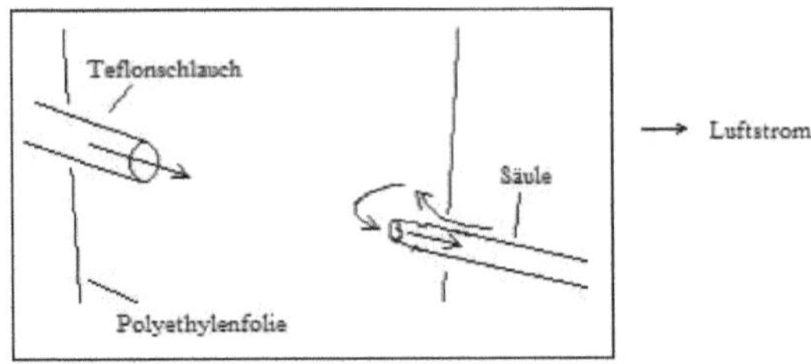

Abb. 24: schematische Darstellung der Luftströme

Für weitere Versuche in der Zukunft wäre zu überlegen, unter Berücksichtung der vorhergehenden Änderungen die Versuche mit anderen Membranpumpen zu wiederholen und neben *Drosera capensis* auch *Pinguicula lilacina* und *Nepenthes sanguinea* im Laborklimaschrank erneut zu vermessen. Möglicherweise wurden auch die Flussraten der Pumpen zu hoch eingestellt und könnten experimentell optimiert werden.

4.2. Mögliche Volatile in den Pflanzen

Betrachtet man die Chromatogramme und Tabellen der Proben von *Drosera capensis* und *Nepenthes sanguinea* unter Gewächshausbedingungen (s. Abb. 15, 16 und Tab. 4, 5), fallen jeweils zwei Duftstoffe auf (rot gekennzeichnet), die in der im Gewächshaus ermittelten Leerprobe nicht enthalten sind. Dies legt die Vermutung nahe, dass trotz der Fehler im Versuchsaufbau, Volatile enthalten sind, die allein von den Pflanzen emittiert wurden.

In *Pinguicula lilacina* konnten keine zusätzlichen Volatile detektiert werden, die nicht in den Leerproben vorhanden waren. Auch in der Literatur wurden keine Vergleichswerte gefunden, die eine Aussage darüber treffen lassen könnten, ob *P. lilacina* Pflanzenduftstoffe zur Anlockung von Beutetieren emittiert.

Bei *D. capensis* handelt es sich um die Verbindungen 2-methyl-1-Hepten-6-on und 2,4,4-trimethyl-2-Pentenal. In dem Chromatogramm von *D. capensis* unter Laborbedingungen (s. Abb. 18) findet sich auch hier 2-methyl-1-Hepten-6-on wieder. Der Peak an Stelle von 2,4,4-trimethyl-2-Pentenal ist zu abgeschwächt und nicht eindeutig identifizierbar. Allerdings ist 2-methyl-1-Hepten-6-on auch in der Leerprobe unter Laborbedingungen vorhanden (s. Tab. 6), was die Vermutung, dass die Verbindung von *D. capensis* emittiert wurde, nicht bestätigt. Dass die Substanz in der Leerprobe unter Laborbedingungen auftaucht, nicht aber in der unter Gewächshausbedingungen, könnte daran liegen, dass sie hier quantitativ nur zu schwach ausgeprägt und dadurch nicht eindeutig zu identifizieren ist bzw. von anderen Molekülen verdeckt wird, da qualitativ mehr Stoffe enthalten sind als in der Laborprobe.

Für *N. sanguinea* wurden die zwei Stoffe 10-methyl-Eicosan und 3,4-diethenyl-1,6-dimethyl-Cyclohexen zusätzlich aufgefunden (s. Tab. 5). Ähnlich wie bei *D. capensis* ist das methylierte Eicosan nicht in der Leerprobe unter Gewächshausbedingungen aber in der unter Laborbedingungen enthalten. Auch das könnte sich wieder damit erklären lassen, dass der Peak in der Gewächshausprobe zu klein bzw. zu undeutlich ist und sich nicht eindeutig identifizieren lässt. 3,4-diethenyl-1,6-dimethyl-Cyclohexen hingegen lässt sich in keiner der beiden Leerproben aufweisen und scheint die Vermutung zu bestätigen, dass es sich hier um einen von der Kanne abgegebenen Duftstoff handelt. Allerdings fehlen Vergleichsproben zur Kontrolle dieses Ergebnisses. Da nur eine Probe für *N. sanguinea* vorliegt und der gesamte Versuchsaufbau sehr fehlerhaft war, lässt sich nicht mit Bestimmtheit sagen, wie aussagekräftig dieses Resultat tatsächlich ist.

4.3. Vergleich mit vorliegenden Forschungsergebnissen

In den zwei Arbeitsgruppen von Jürgens und Di Giusto wurden die volatilen Stoffe ausgewählter Karnivoren untersucht.

Di Giusto konnte für *Nepenthes rafflesiana* 54 Duftstoffe nachweisen, die zum großen Teil aus Benzoiden und Terpenen und teilweise aus Fettsäurederivaten bestehen (Di Giusto *et al.*, 2010). Die Ergebnisse lassen sich allerdings mit denen dieser Arbeit nicht vergleichen, da zum einen eine andere *Nepenthes*-Art für die Versuche herangezogen wurde, zum anderen sind auf Grund der fehlerhaften Experimente die Resultate nicht aussagekräftig genug um einen Vergleich anstellen zu können. Auch das aufgefundene methylierte Cyclohexen konnte in *N. rafflesiana* nicht festgestellt werden. Wenige Verbindungen, wie z. B. Limonen und Decanal, liegen sowohl bei *N. rafflesiana* als auch bei *N. sanguinea* vor. Allerdings handelt es sich um Stoffe, die auch weitverbreitet von grünen Blättern anderer Pflanzen produziert werden und auch in den Leerproben unter Gewächshausbedingungen auftauchen.

Jürgens hat in *Dionaea muscipula* und in vier *Sarracenia*-Arten zwischen 11 und 47 volatile Komponenten aufzeigen können (Jürgens *et al.*, 2009). Weiterhin hat er in *Drosera binata* folgende Duftstoffe gefunden: Nonansäure, Limonen, 6-methyl-5-hepten-2-on und (Z)-β-Ocimen. Limonen und 6-methyl-5-hepten-2-on wurden in ähnlicher Form auch in *D. capensis* detektiert. Auch hier liegen wieder die Ergebnisse zweier verschiedener Arten vor und die zu Grunde liegenden fehlerhaften Versuche dieser Arbeit machen einen direkten Vergleich nicht möglich, dennoch sind die beiden Stoffe sehr auffällig. Limonen ist wie schon bei *Nepenthes* ein Duftstoff, der auch in den Leerproben vorlag. Aber in beiden *Drosera*-Arten wurden methylierte Heptenone aufgewiesen, die sich etwas im chemischen Aufbau voneinander unterscheiden. Allerdings wurde bereits in Kapitel 4.2. festgestellt, dass 2-methyl-1-Hepten-6-on auch in der Leerprobe unter Laborbedingungen auftrat und somit lässt sich nicht zweifelsfrei feststellen, ob diese Verbindung auch von *D. capensis* emittiert wurde.

Beide Arbeitsgruppen haben sowohl in den Probennahmen als auch in der chemischen Analyse bis auf wenige Abweichungen die gleichen Methoden angewandt, die auch in dieser Arbeit verwendet wurden.
Di Giusto hat auf Borneo *Nepenthes*-Pflanzen *in situ* vermessen und Volatile über drei Stunden extrahiert. Ein weiterer Unterschied waren niedrigere Flussraten der Membranpumpen.
Jürgens hat kultivierte Pflanzen in Gewächshäusern über 20 min beprobt. Auch hier wurden niedrigere Flussraten angewandt.

Dies zeigt, dass für weitere Folgeversuche, wie bereits erwähnt wurde, die Flussraten der Membranpumpen optimiert werden müssen. Allerdings ist eine Probennahmezeit von 24 h sinnvoll, da möglicherweise Duftstoffe von den Pflanzen an verschiedenen Tageszeiten unterschiedlich stark emittiert werden. Bauer konnte bereits aufzeigen, dass der Nektar von *Nepenthes rafflesiana* überwiegend nachts sezerniert wird (Bauer *et al.*, 2007). Ebenso könnte es sich auch mit der Produktion von Duftstoffen verhalten.

5. Literaturverzeichnis

Barthlott W., Porembski S., Seine R., Theise I., 2004, Karnivoren - Biologie und Kultur Fleischfressender Pflanzen, Ulmer, Stuttgart

Bauer U., Bohn H. F., Federle W., 2008, Harmless nectar source or deadly trap: *Nepenthes* pitchers are activated by rain, condensation and nectar, Proceedings of the royal society, **275**, 259.265

Bennett K. F., Ellison A. M., 2009, Nectar, not colour, may lure insects to their death, Biology Letters, **5**, 469-472

Bohn H. F., 2007, Biomechanik von Insekten-Pflanzen-Interaktionen bei *Nepenthes*-Kannenpflanzen, Dissertation, Würzburg

Braem G. J., 1996, Fleischfressende Pflanzen – Arten und Kultur, Ritschel, Gladenbach

Darwin C., 1876, Insectenfressende Pflanzen, E. Schweizerbart'sche Verlagshandlung, Stuttgart

Di Guisto B., Bessière J.-M., Guéroult M., Lim L. B. L., Marshall D. J., Hossaert-McKey M., Gaume L., 2010, Flower-scent mimikry masks a deadly trap in the carnivorous plant *Nepenthes rafflesiana*, Journal of Ecology, **98**, 845-856

Dunkel M., Schmidt U., Struck S., Berger L., Gruening B., Hossbach J., Jaeger I. S., Effmert U., Piechulla B., Eriksson R., Knudsen J., Preissner R., 2009, SuperScent – A database of flavors and scents, Nucleic Acids Research, **37**, D291-D294

Jürgens A., El-Sayed A. M., Suckling D. M., 2009, Do carnivorous plants use volatiles for attracting prey insects?, Functional Ecology, **23**, 875-887

Lloyd F. E., 1942, The carnivorous plants, Chronica Botanica Company, U.S.A.

Plachno B. J., 2007, "Sweet but dangerous": Nectaries in carnivorous plants, Acta Agrobotanica, **60**, 31-37

Schaefer H. M., Ruxton G. D., 2007, Fatal attraction: carnivorous plants roll out the red carpet to lure insects, Biological Letters, doi:10.1098/rsbl.2007.0607 (published online)

Anhang

Original- und Zusatzdatensätze

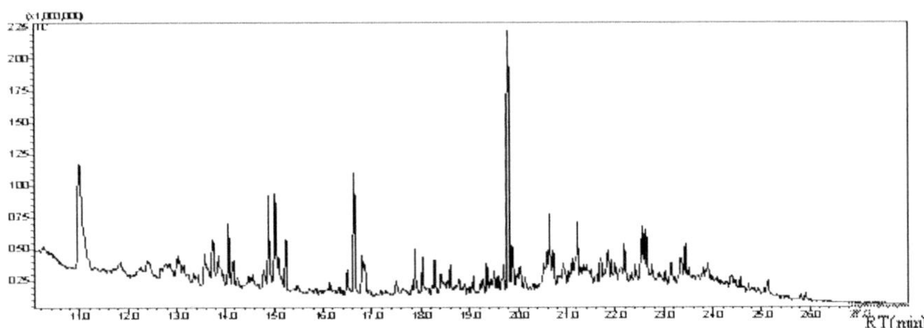

Abb. 25: Chromatogramm von *Pinguicula lilacina* (10.11.2010)

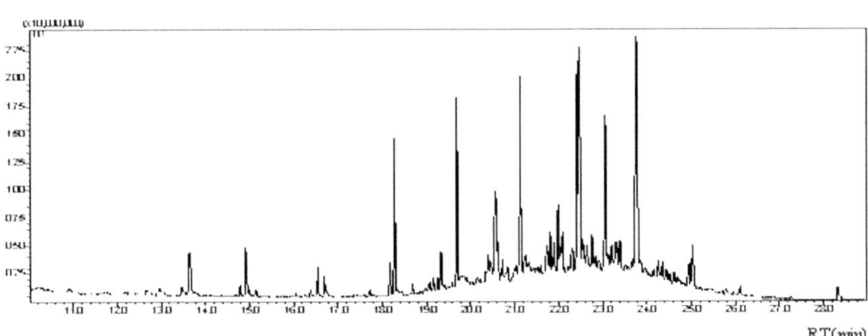

Abb. 26: Chromatogramm von *Drosera capensis* (16.11.2010)

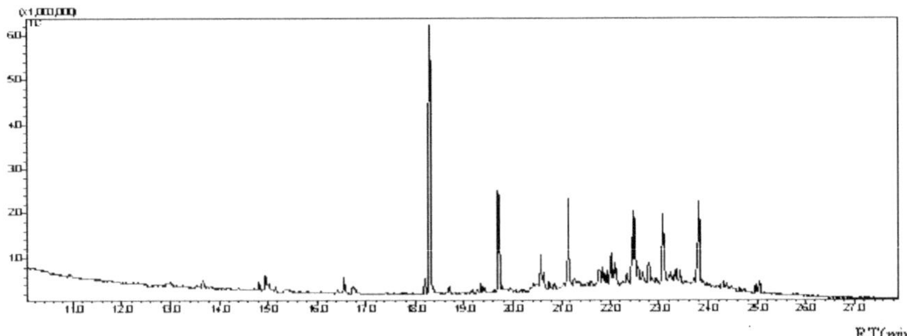

Abb. 27: Chromatogramm der Leerprobe (17.11.2010)

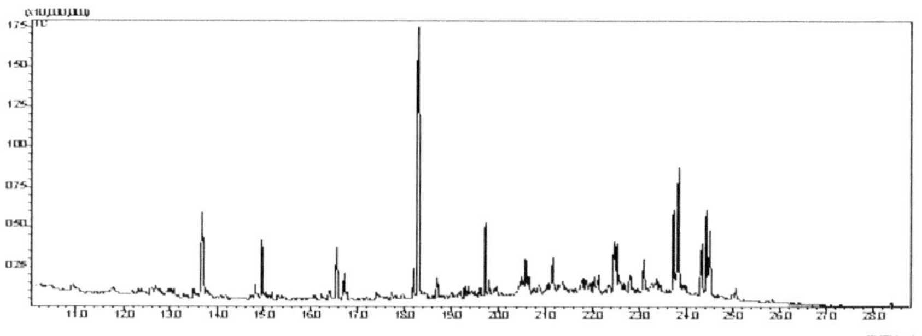

Abb. 28: Chromatogramm von *Pinguicula lilacina* (18.11.2010)

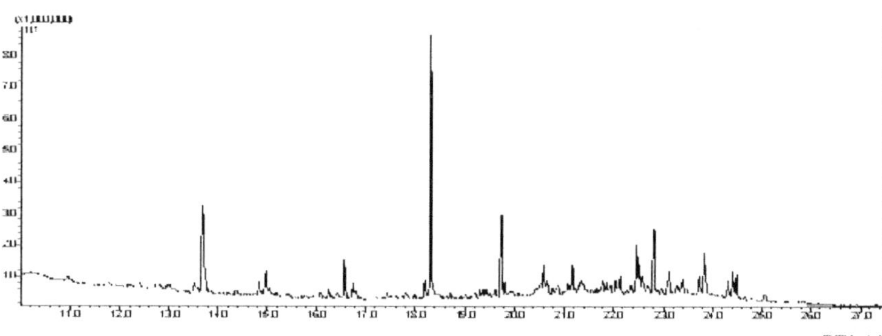

Abb. 29: Chromatogramm von *Drosera capensis* (19.11.2010)

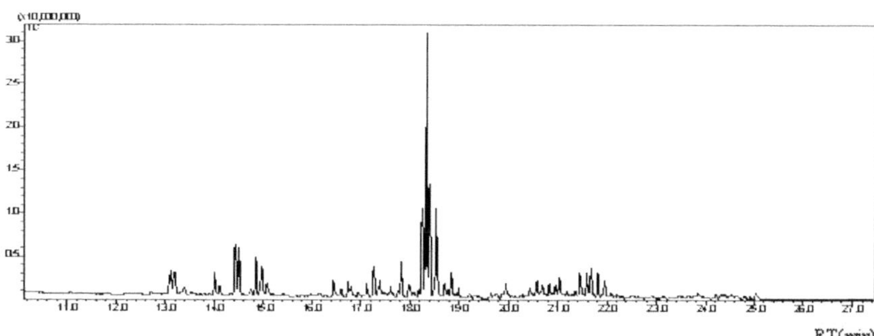

Abb. 30: Chromatogramm von *Drosera capensis* (02.12.2010)

Danksagung

Mein Dank gilt in erster Linie Frau Dr. Effmert für ihre kompetente Einweisung in die Laborarbeiten sowie für ihre Unterstützung während der Durchführung der Versuche und die vielen Ratschläge für die Umsetzung der Arbeit.

Weiterhin möchte ich den Mitarbeitern des Gewächshauses des Botanischen Gartens der Universität Rostock danken, die mir all die Pflanzen für die Versuche zur Verfügung gestellt und präpariert und während des Zeitraumes dieser Arbeit gepflegt haben.

Und besonderer Dank gilt natürlich Prof. Dr. Porembski, der meine Arbeit sehr geduldig betreut hat und mir mit sehr vielen hilfreichen Ratschlägen zur Seite stand.